细菌的科学真相

[加]爱德华·凯 著
[加]迈克·希尔 绘

凌朝阳 译

天地出版社 | TIANDI PRESS

洗手！

你也许看不出来，但你现在拿的这本书上满是细菌！不过别担心，和你的皮肤相比，它简直是"无菌"的绿洲，除非你在医生的候诊室里读它——在这种情况下，这本书和你的手指都会沾满细菌（真是太恶心了）。不过，就算这样也不用大惊小怪：你只要别摸脸，然后赶紧去洗手就行了！原因嘛，等读完这本书你就知道了——你将踏上一段前往细菌世界的奇妙旅程！

细菌如此微小，它们虽然改变了人类历史的进程，但我们直到几百年前才发现它们。**现在，请你准备好成为一名细菌大师吧！**

目 录

细菌无处不在！

你无法远离细菌，它们无处不在：空气中、土壤中、水中、教室里、卧室里，甚至这本书上都有它们存在！它们也遍布你的身体——你的皮肤上、嘴巴里、耳朵和鼻子里，肠道内，甚至屁股里都有它们存在。

没有人确切地知道有多少细菌寄居于我们的身体，但有一种说法是，每个人都携带着100万亿到200万亿个细菌——这几乎跟1万个标准游泳池里的水滴数量相当！

但细菌太小了，我们人类只有通过显微镜才能看到它们。

你看到这个小小的红点了吗？它能容纳的细菌数量，和世界上最大的体育场能容纳的人数差不多！

虽然细菌小得肉眼看不见，但人们能真实地感受到它们的存在。比如你感冒时鼻子里满是鼻涕；或者你有时希望鼻子里塞满鼻涕，这样就闻不到别人的口臭了。这时，你在不知不觉间就和细菌有了交集。

微小但有影响力的居民

细菌的名声不好，是因为它们中的一些成员会让我们生病，甚至威胁到我们的生命。但细菌也不全是坏蛋。如果你食用过奶酪或酸奶，在它们和其他食物被一起消化时，你就应该体会到了细菌带来的好处。

细菌能做很多事，有的对我们有益，有的对我们有害。至于它们会做有益的事还是有害的事，取决于细菌的种类和它们所在的位置。虽然一部分细菌会让牛奶变酸，我们不慎吃下去会胃疼，引发耳道感染、丘疹、水痘和龋（qǔ）齿等疾病。但也有一些细菌能帮助我们吸收维生素，让土壤变肥沃，还能帮助身体对抗其他会威胁我们健康的病原体（能引起疾病的微生物和寄生虫的统称，如细菌、真菌、病毒、支原体等）。没有细菌，虽然你不会生病，但也不会拥有长久的寿命来享受这种健康——因为没有细菌你不能生存。因此，向我们身体里和世界上其他地方的这些微小但有影响力的居民们问个好吧！

远古细菌

细菌是一种古老的生命形式——比尼安德特人、乳齿象、恐龙，甚至鲨鱼更古老！细菌在数十亿年前出现在地球上，人们曾在古埃及木乃伊和霸王龙化石中发现过它们的身影。幸运的是，细菌的出现，改变了这个星球。

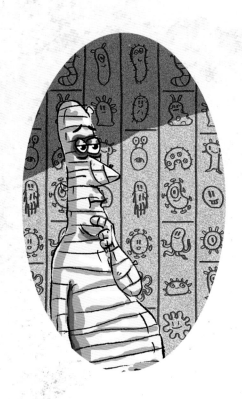

细菌最初生活在海洋中。大约27亿年前，蓝藻（又叫蓝细菌）开始利用阳光、水和二氧化碳产生化学能。这个过程被称为光合作用，光合作用会产生氧气。在此之前，地球上几乎没有氧气。所以，如果你刚刚呼吸了新鲜空气的话，你应该感谢它们，并且尽量不要把这想成是在吸入细菌屁。

人类甚至与细菌有远亲关系。科学家们分析了一种远古微生物的DNA（基因的载体），认为我们和其他所有动物都有可能是由它们进化来的。这也许就是细菌如此喜欢在我们身上安营扎寨的原因——它们就像一群来拜访我们就永不离开的亲戚。

身体中的两面派——大肠杆菌

　　某些细菌，比如大肠杆菌在身体的某些部位对我们有益，但在其他部位对我们有害。大肠杆菌生活在肠道里，它们可以帮助我们消化食物。没有大肠杆菌和其他一些细菌，我们就不能从食物中获取营养，会被饿死。

　　但是，如果大肠杆菌从肠道里溜出来，进入身体的其他部位，我们就有可能因此生病。所以，你上完厕所后，要记得用肥皂和水仔细洗手，至少得确保手指上所有危险的大肠杆菌都被冲进了下水道。

微生物到底是什么？

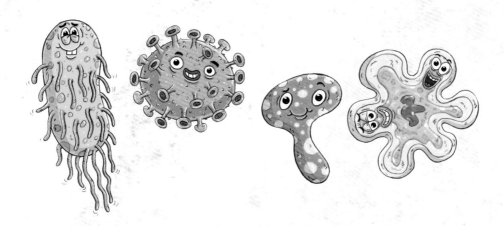

　　微生物是一群形体微小、构造简单的单细胞或多细胞原核生物或真核生物，有的甚至无细胞结构。细菌、真菌、原生生物和病毒都属于微生物。

　　细菌的长相千奇百怪，它们几乎可以生活在任何地方，甚至可以在有辐射的废物中生存！大多数细菌对人体无害，但也有些细菌会使人患严重的疾病，如让人得破伤风、霍乱和麻风病。

　　真菌可以存在于好喝的蘑菇汤中，也可以存在于美味的比萨上。如果你运气不好，真菌还会以"足癣"等感染形式长在你的身上。真菌是寄生生物，它们可以从活着或死亡的动植物那里吸收营养。有些真菌会引发致命的疾病，如脑膜炎等，但我们可以利用另外一些真菌来制造重要的药物，比如青霉素——这种药物已经挽救了无数的生命。

　　原生生物生活在液态水的环境中或别的生物体内。所有高级生命形态，包括你，体内至少生活着一种原生生物。生活在人体内的原生生物大多无害，但有些会引起疾病，如引发昏睡症和疟疾等；还有一些对人类的生活很有帮助，如微小的原生生物——浮游生物可以从大气中吸收二氧化碳。污水处理厂还用原生生物来清洁污水呢！

　　病毒虽小但很厉害，有些病毒甚至可以在外太空存活！病毒需要宿主，宿主是具有细胞结构的生物，可以是活着的动植物，也可以是细菌。病毒把自己的DNA注入宿主细胞内，然后劫持这个细胞并复制自身，最后摧毁细胞，使宿主生病。但并不是所有的病毒都是有害的。跟真菌一样，某些病毒可以作为治疗癌症的药物，或者用来杀死病菌（能使人或其他生物生病的细菌）。

科学家认为，一个普通家庭中至少有 9000 种不同的微生物。世界上可能有 1000 万到 10 亿种细菌，估计有 32 万种病毒会感染哺乳动物，还有至少 12 万种真菌和 5 万种原生生物。

任何时候，你的身体里都有大约 1.36 千克的细菌。它们差不多和你的大脑一样重！

细菌是怎么被发现的？

　　早在我们发现细菌之前，它们就发现了我们。有些细菌忙着让我们生病；另一些细菌游荡在我们的体表和体内——人类的身体为它们提供了许多美食，如汗液、粪便和死皮等。但在人类历史的大部分时间里，因为看不到细菌，我们甚至不知道它们的存在。

　　那么，以前的人是怎么解释疾病的呢？大多数人虽能注意到有些病人会把这种病传染给其他人，但他们不知道是如何传染的；还有许多人认为疾病是由恶灵的惩罚、和行星有关的特殊天象或空气中某种能使人生病的瘴气等引起的；古希腊人还相信，人们生病是因为宙斯对人类盗取天火感到愤怒并降下惩罚！

微生物和恐怖故事！

狂犬病是一种可以感染包括人类在内的恒温动物的病毒性疾病。它的发病症状包括富于攻击性、产生幻觉、对光敏感等。这些症状你是不是听着很熟悉？也许，人们感染狂犬病后的症状就是吸血鬼故事的起源。同样，非洲锥虫病（非洲昏睡病）可能是僵尸传说的灵感来源。昏睡病主要由一种叫布氏冈比亚锥虫的原生生物传播。当人们被感染了这种原生生物的采采蝇（南非的一种蝇）叮咬时，这种原生生物就会进入人体，最终入侵大脑，让被叮咬者表现得像传说中的僵尸一样，昏昏欲睡，走路和说话困难，有攻击性行为。

对我们有益还是"坏得入骨"？

听说了僵尸、吸血鬼和致命的疾病后，你是不是认为所有的微生物都坏得入骨？但你错了，这不仅仅是因为它们没有骨头！

事实上，很多微生物对我们有益。首先，微生物是这个世界的清洁工和回收者。如果没有它们，死去的动植物会堆积在我们周围，直到把我们掩埋（太恶心了）！微生物会将这些有机物分解为肥料，帮助植物生长。这些植物又反过来为我们和其他生物提供食物。有益菌甚至可以杀死有害菌来维持我们的身体健康！

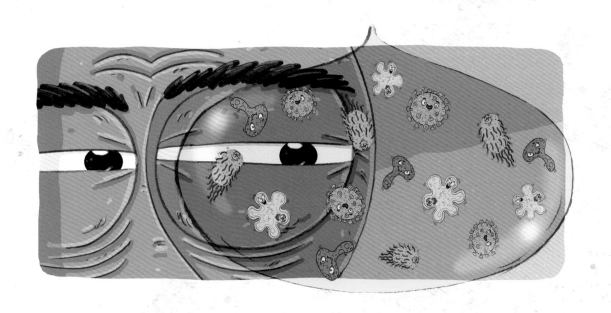

水滴中的微小生物！

1675年，人们第一次发现生病并不是由恶灵的惩罚、特殊天象、瘴气或吸血鬼导致的。当时，一位叫安东尼·范·列文虎克的荷兰业余科学家用自制的显微镜观察到了水滴中的微小生物，并为它们命名"微生物"。他估计，1万个微生物聚在一起才和一粒沙子的体积差不多。

因为对微生物很着迷，列文虎克不断地在其他物质中寻找它们，如唾液等。列文虎克说："我惊奇地看到，唾液中有许多小小的、活的微生物，它们的动作看上去非常可爱。其中一种最大的微生物动作迅速有力，就像梭子鱼在水中跃起一样在唾液中游弋；第二大的那种微生物像陀螺一样旋转着。"他还从一位声称自己从未清洗过牙齿的老人的牙齿上刮下了牙菌斑："只见一大群活着的微生物，游得比我以前见过的任何一种微生物都要灵活。" 列文虎克不仅发现了微生物，还发现了刷牙和用牙线清洁牙齿的绝佳理由！但他并没有将这些微小的生命形式与传染病联系起来。

霉菌医学

列文虎克并不是第一个发现了自己不完全理解的事物的科学家。在古希腊和古印度，医生会用霉菌治疗病人感染的伤口。如果你生活在17世纪的波兰，当你擦伤手臂和膝盖时，医生可能会用湿面包和蜘蛛网的混合物敷在你的伤口上！因为这两种物质都可能含有霉菌孢子。

1640年，一位名叫约翰·帕金顿的英国科学家提议用霉菌治疗感染。不过，直到1928年，英国的科学家亚历山大·弗莱明才证明了一种叫作"青霉素"的霉菌可以杀死有害菌。人们发现，青霉素是通过阻止有害菌增殖来杀死它们的。当接触到青霉素的细菌试图复制自己来感染人类的身体时，这些细菌就会破裂并死亡。

超级侦探：伊格纳茨 · 塞麦尔维斯

　　1846年，一位名叫伊格纳茨·塞麦尔维斯的匈牙利医生发现了一个可怕的现象：在医院的产科病房，许多母亲分娩后会因产褥感染而死。医院的婴儿由医生和助产士接生（这些助产士都是经过专门培训的妇女）。塞麦尔维斯注意到，当助产士接生婴儿时，母亲经常能活下来。而当医生接生婴儿时，母亲经常因发烧而死。

　　塞麦尔维斯进一步观察发现，很多医生在进行其他医学实验，比如尸检后，没有认真洗手就去接生婴儿。他想，是不是什么有害物质从尸体转移到了健康母亲们的身上？因此，他力劝医生们接生前用氯（lǜ）水洗手，产褥感染的死亡率从而大幅下降，从近五分之一降到了五十分之一。

　　不幸的是，塞麦尔维斯的这一建议引发了众多医生的怒火，因为他将病人死亡的原因归结于医生的卫生状况不佳。塞麦尔维斯因此丢了工作。

　　今天，我们知道导致产褥感染的罪魁祸首是一种叫作化脓性链球菌的病菌。那时接生医生在不知情的情况下，将这种病菌从尸体上转移到了那些不幸被他们救护的母亲身上。

巴氏杀菌法

　　塞麦尔维斯是对的，尽管过了几年才有人证明细菌会通过空气转移。而且，这个证明也不是在病人身上得到的，而是在变质的酒中。

　　1856年，法国酿酒师聘请科学家路易斯·巴斯德来找出葡萄酒变质、味道变差的原因。巴斯德在显微镜下分别检查了变质和未变质的葡萄酒，他看到变质的葡萄酒中有一些细菌，而在未变质的葡萄酒中没有发现这类细菌。他的这一发现证明细菌是问题所在。

　　巴斯德猜想，如果细菌能使葡萄酒变质，那么它们也能使人生病。为了检验这一猜想，他加热了两烧瓶满是细菌的肉汤，让高温将肉汤里的细菌杀死。随后，巴斯德把一个装着肉汤的烧瓶密封起来，把另一个装着肉汤的烧瓶暴露在空气中。很快，暴露在空气中的肉汤再次布满了细菌，而被密封的肉汤仍保持无菌状态。这证明空气中的细菌可以转移到食物或生物体中。

　　巴斯德通过这个实验发明了一种杀菌方法：将牛奶等食物加热到一定温度来杀死细菌。这个方法被我们称为"巴氏杀菌法"。

"自然产生"的蛆虫

让人意外的是，许多科学家不承认巴斯德的实验结果。相反，他们更认可一种"自然发生论"，即包括细菌在内的微生物都是从无生命物质中突然地、自发地出现的。举例来说，一些科学家认为老鼠是从腐烂的谷物中产生的，而蛆虫是由变质的肉创造出来的。

事实上，细菌不但不会从无生命的物质中出现，而且它们更喜欢在生物身上安家。一块硬币大小的皮肤上就有3000万个细菌——数量比整个澳大利亚的人口数还多！

感染炭疽热的老鼠

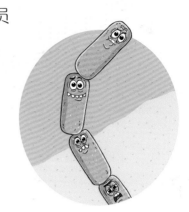

19世纪末，一位名叫罗伯特·科赫的德国研究人员终于让科学界认可了病菌会导致疾病这一事实：他采集了感染炭疽（jū）热的绵羊血液，将它们注射到健康老鼠的体内。很快，这些经过注射的老鼠也染上了炭疽热。科赫在显微镜下检查了这些老鼠的血液，发现这些老鼠的血液中含有注射前不存在的杆状细菌——炭疽杆菌，这些细菌恰巧也存在于受感染的绵羊血液中。

科赫发现炭疽杆菌是一种可以形成芽孢的细菌，它会产生炭疽孢子：一种安静等待、无所事事的细胞。炭疽孢子很坚韧，耐热耐寒，可以在土壤中存活数年。它一直默默地等待着合适的条件出现，直到有一天，一只绵羊，或者其他动物来了，吃了被污染土壤中生长的植物，孢子就会在这只动物的血液里复活并开始增殖，让疾病传播。

即便铁证如山，许多科学家仍不相信病菌会感染人类。他们认为只有动物才会受到病菌影响。但在1882年，科赫发现了导致结核病的病菌（这种疾病在历史上已经夺走了数百万人的生命），医生们才接受了病菌导致疾病的说法。

病毒通常是比病菌更小的病原体，直到19世纪90年代才被发现。几年后，奥威尔·莱特和威尔伯·莱特成功地成为历史上第一批乘坐飞机飞上天空的人类——毫无疑问，飞机上有数十亿病毒在内的微生物。

病原体如何致病？人体又如何自卫？

　　虽然病菌在内的病原体很乐意搭乘飞机，但它们也很擅长在没有飞机的情况下四处游荡。有些病原体飘浮在空气中；有些病原体通过打喷嚏、咳嗽喷到我们身上；有些病原体生活在水中，通过耳朵、鼻子和嘴巴进入人体。土壤中也满是病原体，如果我们摔倒或被割伤了，这些病原体就会来试图感染我们。另外，一部分病原体还会待在门把手这种地方，等着被带走。

　　病原体可以通过被污染的食物或被感染的动物进入我们体内，比如鸽子粪便中的霉菌。一些最致命的疾病，如疟疾和黑死病是通过受感染的昆虫叮咬传播的。病原体似乎无处不在……嗯，它们的确无处不在！

我们是怎么生病的？

当病毒、病菌、有害真菌或某些原生生物等病原体进入人体，开始增殖时，通常会引发感染。每种病原体对人体的作用效果不同。病毒利用人体内的细胞进行增殖，并杀死或破坏这些细胞，从而让人生病。

病菌增殖的速度非常快，不到一天，它们的数量就可以从几个增殖到几百万个，甚至会挤占原有细胞的位置，阻止它们正常工作。有些病菌会产生毒素来毒害人体，有些则会分解并吞噬人体细胞。如坏死性筋膜炎就是被这样一种令人讨厌的病菌感染的。这种病菌会把人体当成一份巨大的自助餐，它们入侵到人体内，分解、蚕食人体，进行自我增殖。

入侵人体的有害真菌很少见，但它们会导致人体受损，或在某些部位引发致命炎症。它们还能产生消化人体细胞的酶。

一些原生生物会通过剥夺人体营养供应或破坏人体细胞致人生病。例如，疟疾就是一种由原生生物引起的疾病。这种原生生物通常通过蚊虫叮咬进入人体，在肝部红细胞中产卵，等红细胞破裂后，就会释放出更多的原生生物，然后入侵更多的红细胞。

你的便便里约有 30% 是细菌！所以，上完厕所要记得洗手！

A 计划：先天免疫系统

幸运的是，我们的身体有很多方法抵御病原体入侵。第一种方法是利用先天免疫系统。

顾名思义，先天免疫系统是与生俱来的免疫系统，而不是在生长中形成的后天防御系统。

先天免疫系统的第一道防线是皮肤，皮肤像一副盔甲，再小的入侵者也能被挡在这条防线外。不过，当你被割伤或烧伤时，一个让病原体通往体内的入口就从皮肤上打开了——这就是受伤后要立即对伤口进行清洁消毒的原因。

此外，人体还有其他自卫方式。如鼻孔里的鼻毛会阻止病原体深入，等待呼出的气息把它们吹走。耳垢是另一个武器，它能诱捕任何试图通过耳道潜入的狡猾病原体。

过去的人认为，如果在打喷嚏时不捂住口鼻，灵魂可能会随着鼻涕一起被喷出来。这就是为什么直到今天，当你打喷嚏时，还有人会说"保佑你"或者"祝你健康"。

一天一杯鼻涕，让医生远离你

鼻涕是我们对抗外界病原体最强大的武器之一。你也许没意识到，人体每天会生产约一矿泉水瓶的鼻涕！如果你觉得没这么多，是因为大部分被你吞下去了，这是真的。

鼻涕中有杀死病菌的蛋白质和分解病菌的酶。它还会困住病菌，把病菌带到胃里，让消化液杀死它们。

你也许会注意到，感冒时流的鼻涕会比平时的更多。这是身体为了困住病毒而主动分泌的。同样，人体喉咙里那一层薄薄的黏液也有相同的作用。

另外，在打喷嚏时，你鼻腔里的空气、病菌和其他病原体会以大约每小时150千米的速度喷出——这和飓风的速度差不多！

B 计划：适应性免疫系统

即使病原体设法进入了人体，我们通常也不会生病。这是因为人体拥有强大的适应性免疫系统。它是我们免疫系统的一部分。当我们接触到外在病原体时，它会施展出特殊本领来战胜敌人。你可以把它想象成自己的私人军队，时刻准备着击退所有入侵者。

当病原体试图入侵人体时，体内的细胞会监测到它们。这时，适应性免疫系统会发出一种化学求救信号。白细胞接收到信号后，会吞噬并消灭入侵的病原体。另外，人体的血液还会产生一种叫作抗体的特殊蛋白质，这种蛋白质可以区分人体的细胞和入侵者，并附着在入侵者身上，向更多白细胞发出攻击信号。也许你会在一段时间内出现感冒症状，但你的身体最终会打赢这场战争，让你康复。并且，你的适应性免疫系统会永远记住这种病原体。如果它再次入侵，你要么不会生病，要么只会出现较轻的症状，恢复得也更快。

世界各地的病菌、病毒等病原体并不相同。在旅行时，有时你会出现胃不舒服或腹泻的症状，这其实是你的身体和当地的病原体相遇了，而你的免疫系统还不能识别它们。

入侵者的策略：变异和进化

你可能想知道："如果我的免疫系统能识别入侵者，我为什么还会得流感？"这是因为病原体也会变异和进化，就像其他生命形式一样。当你的身体遇见上次打败过的病原体时，它的样子可能已经不一样了。免疫系统需要一段时间才能识别变异的入侵者并学会如何对抗它。在此期间，你就会生病。

一些与疾病相关的症状，如发烧和皮疹等，实际上就是免疫系统在试图击退入侵者。例如，发烧是身体试图用高温杀死病菌等病原体的免疫方式。

健康守则

病原体感染并不可怕，但要遵守一些健康守则。例如，因为待在皮肤上的感冒病毒传染性能持续1个小时以上，待在门把手等物体表面的感冒病毒传染性可持续24个小时，所以如果你要咳嗽或打喷嚏，请用纸巾或手肘弯捂住口鼻，以免病毒弄到手或袖口上进一步扩散；经常洗手也很重要，你需要用肥皂洗手并用水冲洗20秒以上；生病时你最好待在家里，这样就不会把病菌、病毒等传染给其他人，以免他们也生病！

蛀牙形成的始末

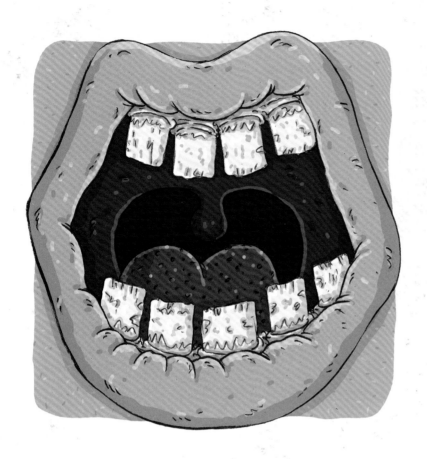

　　洗手、洗脸等行为可以防止有害菌聚集在皮肤上，或者进入身体；勤刷牙、使用牙线也很重要，因为约有数百种细菌在人的口腔中生活。

　　还记得列文虎克和那个从不刷牙的老头儿吗？牙齿上聚积着一层透明或黄白色的黏稠物，叫作牙菌斑，这是一种微生物群。牙菌斑不断增殖，直到它们在你嘴巴里达到数百万之多。这些有害菌在你的嘴里愉快地咀嚼食物残渣（它们尤其喜欢食物残渣中的糖），然后把酸排泄到牙齿上。牙菌斑排泄的这种酸会腐蚀牙釉质，导致蛀牙。如果你不刷牙，不使用牙线等清洁牙齿的工具，牙菌斑的"便便"就会腐蚀你的牙齿。

　　事实上，过去人们常死于病菌引起的牙齿感染。瑞士挖掘出的一具5000年前的尸体显示，主人有严重的牙龈疾病，而且微生物已经进入他的髋骨。

自我防护小攻略

保护自己免受细菌侵害的方法有很多。如生肉应冷藏保存；熟食或剩菜应尽快放人冰箱。在一个温暖的环境中，细菌的数量约每20分钟就会翻倍！

如果你不想让细菌进人体内，就不要挖鼻孔！因为首先，指甲会在鼻孔里产生微小的划痕，细菌可以通过划痕乘虚而入；其次，鼻孔里的细菌会粘到手指上，你可能会通过接触（像摸这本书）把细菌传染给其他人。

同样，你也不要挤青春痘。青春痘是由堵塞皮肤毛孔的细菌引起的。别去管它们！将细菌隔离在青春痘内，身体可以更好地处理它们。相反，如果你挤了青春痘，里面的细菌就会逃出来沾满皮肤。

有洁癖的人对细菌有一种非理性的恐惧。在疾病流行时，保持距离、戴口罩、经常洗手等对身体是有好处的。但有洁癖的人非常害怕细菌，他们可能会对餐具反复消毒，拒绝与他人的身体接触，一遍又一遍地洗手……针对这些强迫行为，国外有些治疗师会通过让"病人"在地铁里舔扶手来治疗他们的洁癖！

C 计划：免疫接种

许多感染都可以通过免疫接种来预防，如疫苗接种。这种方法是让你的身体感染某种死亡或衰弱的病原体，通过引发免疫系统反应，来建立起对这种病原体的防御力。相传2000多年前，中国已经实施了人们对抗天花的第一次免疫接种，这比微生物被发现的时间要早很多年！

天花是一种病毒性疾病，曾经在亚欧大陆广为传播。以前的人们非常惧怕它，因为这种病会使超过一半的感染者死亡，幸存者也往往失明或在身上遍布疤痕。

人们在寻找打败这种疾病的方法。也许是灵感突发，有个人把从病人身上采集到的天花痂磨成粉末，然后将其吹进没被感染者的鼻腔里让其吸入。这些粉末中的天花病毒激活了未被感染者的免疫系统，帮助他们的身体建立起了对这种疾病的防御系统。之后，吸入过天花痂粉末的这些人再遇到活跃的天花病毒，身体的防御系统就能将其击退。这一过程被称为天花接种，得名于引起天花的天花病毒。

尽管人们对从鼻腔里吸入天花痂粉末这一行为表示抗议——太恶心了，但这的确是一个好方法。在17世纪，康熙皇帝曾下令强制接种天花，以消灭这种疾病。后来，康熙自豪地写道，他因此拯救了数百万人的生命。

脓包的力量

欧洲人和北美人从土耳其人那里学到了另一种天花接种方法。18世纪早期，英国驻奥斯曼帝国大使的妻子玛丽·沃特利·蒙塔古夫人了解到土耳其人预防天花的一种方式。他们从得天花者的脓包中提取液体，将其揉到未感染者皮肤的划痕上，让未被感染天花的人通过接触削弱的天花病毒，获得免疫力。这些土耳其人因此可以防御天花感染。

蒙塔古夫人回到英国后，让自己的孩子们在皇家宫廷的医生面前进行天花接种。虽然医生们不相信这样能治天花，但事实证明确有效果。为了进一步检验，医生们还让监狱里的死刑犯接种了天花。这些死刑犯被承诺如果活下来就能获得自由。跟蒙塔古夫人的孩子们一样，死刑犯们也活了下来。因此，整个西欧开始普遍使用天花接种的方式来预防天花。

然而，天花接种也不完全可靠，有些接种的人仍会生病死亡，还有些人会把病毒传染给其他人。

在西非，人们也采用了类似的免疫方法。后来，一些非洲人被贩卖到北美洲后，这种做法就跟着传到了美洲大陆。美国独立战争期间，乔治·华盛顿曾下令给士兵们进行天花接种。

从牛痘得到启发

　　18世纪末，英国医生爱德华·琴纳开创了一种更为可靠的免疫方法，即疫苗接种。这种方法是琴纳听到一个挤奶女工吹嘘"我永远不会得天花，因为我得过牛痘"后受到启发得来的。牛痘是一种主要感染牛的病毒性疾病，可以传染给人类，但它远没有天花对人的危害大。琴纳从一个感染了牛痘的挤奶女工身上取下脓液，擦到了一个8岁男孩手臂的伤口上。6周后，他让这个男孩暴露于天花病毒中，但男孩没有被感染。

　　当时的欧洲每年有40万人死于天花。所以琴纳的实验一得到证实，就被欧洲和北美洲的政府推广了。在他实验后的4年内，有10万欧洲人接种了天花疫苗，这种做法也在全世界传开。

已知的最后一个自然发生的天花病例是在1977年的索马里。

群体免疫

琴纳的成功激励了其他的研究人员。1882年，细菌免疫研究取得了第二次重大进展。巴斯德研制出了狂犬病疫苗。接下来的一个世纪里，科学家们发明了预防其他疾病的疫苗，包括破伤风、霍乱、小儿麻痹症和麻疹等。

免疫接种有多重要？1900年，美国出生的每6个孩子就有1个在周岁前死亡，主要是死于与病菌、病毒等有关的疾病。幸存的5个孩子中，还有1个会在5岁生日之前死去。

如果你在那时候出生，你会有三分之一的概率在读懂这本书之前死亡。

疫苗发明前，有些人会带着他们的孩子去参加"天花派对"。这些聚会让孩子暴露于像水痘和麻疹这样的感染环境中，因为这种疾病在成年后得会更严重。说真的，生日派对可比天花派对好玩多了。

但免疫接种的推广产生了群体免疫，一些致命的疾病现在几乎不存在了。在很多人——比如每20个人中有19个人接种了疫苗后，病原体就很难找到宿主了。因此，接种疫苗的人可以保护没有接种的人，这就是群体免疫。然而，儿童仍然特别容易受到感染，所以一定要及时接种疫苗！

细菌战

纵观历史，你会发现人类拥有一种不幸的本领——创造各种武器来自相残杀。

战争和病菌等病原体产生联系是偶然的。古代军队行军时，病菌等病原体会跟随着他们。当一大群人都聚集在不卫生的环境里时，病原体导致的疾病就会暴发。通常，死于疾病的士兵比死于战斗的士兵还要多，因此，军方领导人想到利用病原体的致病性来对付敌人只是时间问题。这种战争策略，今天我们称之为"细菌战"或"生物战"。

尸体"炮弹"

相传在公元前400年，古希腊士兵曾用在腐烂尸体上蘸过的箭头射向敌营投毒。古罗马和波斯军队则把死掉的动物投进敌人的饮用水源里。但早期最引人注目的细菌战，相传是1346年金帐汗国的蒙古军队对黑海港口城市卡法的围攻。蒙古军队曾劝说被围攻的卡法守军投降，但卡法人不同意，围攻战持续了三年，双方都没有让步。

因为军营里过度拥挤，加上卫生条件不良，蒙古军队中很多士兵都生病了。他们的指挥官札尼别汗看到成千上万的士兵惨死，连和敌人正面交锋的机会都没有，进退两难。但他一定听过那句老话：如果生活给了你柠檬，那就制作充满病菌的柠檬水给敌人喝。

札尼别汗命令他的军队停止向城墙上投巨石，转而投射另一种"炮弹"——那些因感染而死、已经腐烂的士兵尸体。这下卡法人可倒大霉了——他们得忙着把蒙古人腐烂的尸体扔进黑海。

尽管如此，卡法人始终没有投降，而因疾病导致兵力骤减的札尼别汗最终只得放弃攻城。不过，处理完尸体回到城中的水手们无意中带回了一个小纪念品：导致黑死病的病菌。这种病菌引发了历史上最严重的瘟疫——这个稍后再说。

被禁止的细菌武器

1925年，国际联盟（联合国的前身）禁止使用细菌武器。但它没有禁止各国制造或储存这类武器，因此，很多国家仍有这类武器。

咩——咩——轰隆！

第二次世界大战期间，英国人实验制造了含有炭疽的炸弹，这种炸弹不仅会杀死动物，也会威胁到人类。不过，这项实验进展得不太顺利。1942年，科学家们用苏格兰格林亚德岛上的羊进行了实验。在用于实验的羊群因感染死亡后，有人想出了一个馊主意——炸毁附近的一座小山来掩埋它们。不幸的是，其中一只死羊被炸进了大海，又被冲上了别处的海岸，感染了那里健康的羊。

在二战期间，只有日本一个国家在战争中使用了细菌武器。日本在中国几个城市传播瘟疫和伤寒，导致成千上万的人死亡。

二战后，当时的苏联和美国都开发了致命的细菌武器，但这些武器从未被使用过。1972年，国际上100多个国家签署了禁止生物武器的国际公约，但仍有一些别有用心的国家在开发这类武器，一些恐怖组织则渴望得到它们。

细菌是不可预测的盟友，可以像杀死敌人一样杀死朋友。这也是细菌武器在军事上不那么受欢迎的缘故，我们应该为此感到庆幸。

比战争更致命

毫无疑问的是，战争通常会死很多人。

如在1914~1918年的第一次世界大战中，就有近2000万士兵和平民死亡。但具有讽刺意味的是，战争后的几个月，出现了一个更大的杀手——1918年的"西班牙流感"。这种流感病毒被数百万士兵带到世界各地，最终感染了地球上三分之一的人。估计有1700万到5000万人死于这次流感。病菌、病毒等病原体甚至比战争更为致命。

改变历史的细菌

你也许已经很了解新型冠状病毒感染了，这是由一种冠状病毒引起的疾病。如果你曾感冒过或患过流感，你其实已经接触过一种冠状病毒。正如你在这本书的其他地方读到的，病原体总在变异或进化，因此，我们的免疫系统无法马上识别并击退它们。

新冠感染是由一种以前从未在人体中发现的冠状病毒新毒株感染导致的疾病。它太新了，在写这本书时，科学家们还没有研发出治疗的药物或预防疫苗，所以它迅速传播到了世界各地。

如果一个地区有很多人生同一种病，这种病就被称为瘟疫或流行病；如果这种病传播到其他国家，就被称为大流行病。新型冠状病毒感染不是历史上第一次因病毒变异产生的大流行病，也不会是最后一次。只要我们小心谨慎、采取适当的卫生防御措施，就有可能免于感染。所以，请记得洗干净手，在公共场所与他人保持2米的距离，并在人群中戴口罩。这些措施不仅能保护你，还能帮助你保护其他人。

罗马"糟"遇

听过"赢得战役却输掉战争"这句话吗？这就是古罗马人的真实遭遇。公元2世纪，古罗马军队征服了美索不达米亚。这场战役让他们获得了新领地，但也"得到"了某种意料之外的东西：由天花病毒感染人引起的一种烈性传染病！

古罗马人回到罗马后，接触过病毒的士兵将病毒传染给了城里的居民，最终将其传播到了罗马帝国的大部分地区。在公元165～191年间，上千万古罗马人死于所谓的"安东尼瘟疫"。罗马军队也伤亡惨重，每10个士兵中就有1人死于疫情。死亡人数如此之多，以至一些历史学家认为，这场瘟疫是第一个严重削弱罗马帝国，致其最终崩溃的事件。

查士丁尼瘟疫

历史上第二严重的瘟疫——查士丁尼瘟疫，发生于公元541年。这场瘟疫对东罗马帝国的影响非常严重。它可能是通过船只携带具有病菌的老鼠传播到整个地中海，随即又被感染该病菌的跳蚤传染给人类的。这种疾病有个特别令人不快的影响：当这种病菌吞噬人体细胞时，人的手指会变黑并很快死亡。据估计，有2500万至5000万人死于这场瘟疫。然而，这只是历史上第二严重的瘟疫！

最致命的瘟疫——黑死病

你还记得卡法之围吗？这场战役可能引发了黑死病——历史上最严重的大流行病。在1347～1351年黑死病流行的顶峰时期，欧洲和亚洲有些地方每4个居民中，就有3个死于此病。当时人们认为世界正在毁灭。

黑死病是由鼠疫耶尔森菌引起的，由受感染的跳蚤传播。这种病菌堵塞了跳蚤的肠道，使得跳蚤非常饥饿，从而叮咬任何可触及的宿主，包括人类。在为食物腾出空间的疯狂尝试中，跳蚤把胃里的东西吐出来，由此传播了更多病菌。

更糟糕的是，中世纪的卫生条件很差。例如伦敦街道是光秃秃的土地，上面有大量人和动物的粪便、动物内脏和腐烂的食物。这为老鼠和以它们为食的瘟疫跳蚤创造了完美的滋生地。

黑死病的症状包括淋巴结肿大、发烧、寒战、恶心、腹泻和极度虚弱等。部分严重感染者的嘴巴、鼻子、直肠和皮肤经常不受控制地流血。疮口上形成黑色结痂——这就是黑死病得名的原因。

治疗黑死病的"毒药"

人们用很多奇怪的观点来解释黑死病的发生原因：有的人认为黑死病是由异常天象引发的；有的人指责黑死病的暴发是他们无辜的犹太邻居的错，因此，许多犹太人在被处决前，被迫签署了诱发黑死病的虚假供词；还有人相信这是"上帝的惩罚"。

医生们尝试了用各种方法来治疗黑死病：如切开病人的皮肤为他们放血；给他们服用含有独角兽角粉、砷和汞的药物。在那时，如果你不喜欢吞下"致命毒药"这个主意，医生可能会把剃了毛的活鸡屁股放在你发炎的淋巴结上，以吸收感染。而当你得知这些解毒剂都不起作用时，大概也不会感到惊讶。

黑死病改变了社会结构

黑死病夺去了很多人的生命，甚至改变了欧洲社会的权力结构。在封建制度下，少数地主统治着大多数耕种土地的农民。然而，当瘟疫结束时，劳动力非常短缺，富裕的地主们找不到足够的人照料农场；许多农民也迁往城镇，因为那里的雇主会支付更高的工资。这使社会阶级出现了一定的流动性，地主阶级的权力也相应减弱。

殖民的开路者

可以说，病菌、病毒等病原体比军事力量更有效地帮助欧洲人殖民了美洲。当哥伦布于1492年到达美洲时，数百万的土著已经在那里生活几千年了。

这些土著对外国入侵者大摇大摆地进入、试图接管当地的想法并不感兴趣，但他们从未接触过欧洲人携带的众多病菌、病毒等病原体，所以他们对新的病原体没有免疫力，由此导致的结果自然是灾难性的。

天花摧毁了帝国

1520年，阿兹特克人在特诺奇蒂特兰（位于今日墨西哥城的地下）击败了一支由西班牙士兵组成的小型军队。但他们打死的西班牙士兵中有一人感染过天花。因此，处理该士兵尸体的阿兹特克人也被感染了，这种疾病迅速蔓延开。

据历史学家估计，在特诺奇蒂特兰市，有300万～400万阿兹特克人死于西班牙人传入的疾病。在阿兹特克的其他城市，95%的人被新的传染病杀死——这个比例甚至高于死于黑死病的人。病毒做了西班牙军队一直无法做到的事情：摧毁了一个强大的帝国。

印第安人的灾难

18世纪，英国军方决定用细菌战来击败参加庞蒂亚克战争的印第安土著联盟。因此，英国人故意把沾着天花病毒的毛毯送给敌人。这个计划是否成功不得而知，但因为与欧洲人接触，数百万印第安人死于天花。

历史学家认为，在1600年，欧洲人到达美洲一个世纪后，北美土著的人数就减少了90%。令人难以置信的是，这一行为甚至影响了气候。北美土著耕种了大陆的大部分地区。他们死后农场无人打理，土地重新变成森林，增长的森林从大气中吸收了大量二氧化碳。科学家认为，这可能引发了所谓的小冰河期，导致欧洲的河流结冰，颇具讽刺意味的是，由此还导致那里的作物歉收，产生饥荒。

细菌的未来

在人类历史的大部分时间里，我们都不知道细菌等微生物的存在。因此，人类如今仍在研究它们也就不足为奇了。和其他生物体一样，细菌等微生物也有可能产生类似企鹅到人的变异和进化。这就是你为什么永远不会对感冒和流感完全产生免疫。

大多数细菌等微生物的突变只会为人们的生活带来一些不便，比如偶尔会使人感冒流鼻涕，或者每年要注射流感疫苗。但有时，它们也会以极其可怕的方式进化。

超级突变体细菌

最近，研究人员发现一些细菌已经吸收了NDM-1（新德里金属蛋白酶，是一种使细菌对抗生素免疫的抗性基因）。这意味着医生暂时没有有效的药物来治疗由这些新细菌引起的感染。更令人担忧的是，NDM-1可以通过接触，比如细菌们在一摊脏水中一起晃动，从一种细菌传给另一种细菌。不过，研究人员正在研究由"超级细菌"引起的疾病的治疗方法。

过犹不及

　　抗生素这类药物已经拯救了数百万人的生命。近50年，它们还被用于牲畜饲料中，以预防奶牛、鸡和其他家畜家禽生病。然而，抗生素的过度使用导致一些病原体对抗生素产生了耐药性，由此导致一些药物正在失去对抗病原体感染的能力。当然，最终还是病原体来打破这个僵局——研究人员正在做实验用病毒去攻击和杀死超级病菌。

战斗还在继续

　　新的致命病原体不断出现，比如埃博拉病毒。人类和它们之间的斗争也许会一直持续下去，但多亏了科学，人类通常会赢，至少最终会赢。

　　以大约40年前出现的艾滋病毒为例，它已经杀死了超过3600万人，是有记录以来第四严重的流行病。这个病毒会随着时间的推移削弱人类的免疫系统，从而使其他病菌和病毒等有占据上风的机会。虽然目前仍然没有有效治愈艾滋病的方法，但有一种称为抗逆转录病毒药物可以阻止病毒增殖、破坏人体的免疫系统，从而使艾滋病患者能够活得更长久、更健康。

微生物的多样化应用

在与病菌、病毒等的战斗中，我们也听到了很多好消息，虽然还不是那么肯定，但是一些研究人员仍然相信，我们肠胃中的微生物可能会影响我们的食欲和饮食习惯，让我们想吃一些食物，如有些肠道微生物可能会诱发人类对高脂肪食物的渴望，但有些肠道微生物又可能会引导我们吃健康的食物，还有些肠道微生物会导致抑郁情绪的产生。科学家们正在做用有益微生物取代那些有害微生物的实验，从而让我们获得积极的情绪，产生对健康食品的渴望。而且，这也不是微生物帮助我们保持健康的唯一方式。在未来，病毒可能会被科学地改造成癌症治疗的一种方式，以识别和杀死癌细胞。

小小的罪犯斗士

未来某一天，细菌可能会帮助我们将罪犯送进监狱。研究人员说，土壤中有一种非常特别的"细菌指纹"——只要一个人的鞋子上有一个小污点，就可能把上面的细菌留在犯罪现场。由于每个人身上都有独特的微生物群，罪犯就可能在武器或其他物品上留下自己的"细菌指纹"，从而将他们与犯罪现场联系起来。调查人员甚至可以根据受害者体内的微生物来确定其死亡时间。

清洁细菌

研究人员在探索细菌的工业用途，如用其制造燃料电池、药物和新型塑料等。未来某一天，细菌也许会被用来治理环境——现在研究人员已经发现了能"吃掉"塑料和石油的细菌，以及能被用来中和杀虫剂和除草剂的细菌。

来自微生物的告别

有件事可以肯定：从人类在这个星球上出现开始，我们就与微生物有了密切关系，这种密切关系会一直保持下去。成千上万种微生物，可能是治疗疾病、保持地球良性循环的关键。微生物虽小，却不容小觑！

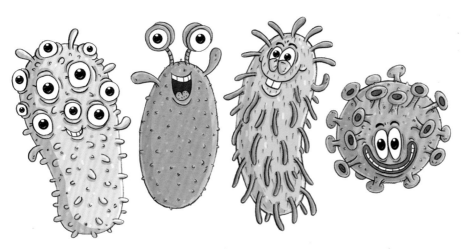

图书在版编目（CIP）数据

细菌的科学真相/（加）爱德华·凯著；（加）迈克·希尔绘；凌朝阳译. — 成都：天地出版社，2024.1
ISBN 978-7-5455-8046-4

Ⅰ.①细… Ⅱ.①爱… ②迈… ③凌… Ⅲ.①细菌—儿童读物
Ⅳ.①Q939.1-49

中国版本图书馆CIP数据核字（2023）第240949号

著作权登记号　图进字：21-23-306

XIJUN DE KEXUE ZHENXIANG

细菌的科学真相

出 品 人	陈小雨　杨　政	
作　　者	[加]爱德华·凯	
绘　　者	[加]迈克·希尔	
翻　　译	凌朝阳	
监　　制	陈　德	
策划编辑	凌朝阳　付九菊	
责任编辑	凌朝阳　付九菊	
责任校对	杨金原	
美术编辑	曾小璐	
责任印制	刘　元	
营销编辑	李　昂	

出版发行	天地出版社
	（成都市锦江区三色路238号　邮政编码：610023）
	（北京市方庄芳群园3区3号　邮政编码：100078）
网　　址	http://www.tiandiph.com
经　　销	新华文轩出版传媒股份有限公司
印　　刷	河北尚唐印刷包装有限公司
版　　次	2024年1月第1版
印　　次	2024年1月第1次印刷
开　　本	889mm×1194mm 1/16
印　　张	3
字　　数	40千
书　　号	ISBN 978-7-5455-8046-4
定　　价	45.00元